AutoCAD 2020（中文版）项目化教程图例

主 审 顾 晔
主 编 郭建华 黄琳莲
副主编 吴海燕 曾卫红

北京理工大学出版社
BEIJING INSTITUTE OF TECHNOLOGY PRESS

版权专有　侵权必究

图书在版编目(CIP)数据

AutoCAD 2020(中文版)项目化教程图例／郭建华，黄琳莲主编. -- 北京：北京理工大学出版社，2022.5
　ISBN 978-7-5763-1284-3

Ⅰ．①A… Ⅱ．①郭… ②黄… Ⅲ．①AutoCAD 软件-教材 Ⅳ．①TP391.72

中国版本图书馆 CIP 数据核字(2022)第 071250 号

出版发行／北京理工大学出版社有限责任公司
社　　址／北京市海淀区中关村南大街 5 号
邮　　编／100081
电　　话／(010)68914775（总编室）
　　　　　(010)82562903（教材售后服务热线）
　　　　　(010)68944723（其他图书服务热线）
网　　址／http：//www.bitpress.com.cn
经　　销／全国各地新华书店
印　　刷／三河市天利华印刷装订有限公司
开　　本／787 毫米×1092 毫米　1/16
印　　张／6.5　　　　　　　　　　　　　　责任编辑／多海鹏
字　　数／150 千字　　　　　　　　　　　　文案编辑／多海鹏
版　　次／2022 年 5 月第 1 版　2022 年 5 月第 1 次印刷　责任校对／周瑞红
定　　价／49.00 元　　　　　　　　　　　　责任印制／李志强

图书出现印装质量问题，请拨打售后服务热线，本社负责调换

前　　言

《AutoCAD 2020（中文版）项目化教程图例》是为了满足各类高等院校、职业学院（学校）、技工学校及电脑培训机构所开设的 AutoCAD 课程的教学需要而编写的，也可作为 AutoCAD 爱好者以及广大工程技术人员的参考用书。

图例的编写具有条理清晰、内容全面、实践性强的特色，各个项目均从基础习题逐步到提高练习，习题所运用的命令针对性强，使用户花费最短的时间学到真正有效的绘图方法，从而轻松、高效、循序渐进地巩固所学知识点，迅速、正确地绘制出各种机械图样。

本图例分十五个项目，分别是：AutoCAD 2020 基础知识、绘制平面图形（一）、绘制平面图形（二）、绘制平面图形（三）、绘制平面图形（四）、绘制三视图、绘制剖视图、书写文字、图块、外部参照与设计中心、绘制传动轴零件图、绘制圆柱齿轮零件图、绘制箱体零件图、三维绘图、组合体三维建模、根据零件图拼装装配图、图纸布局与打印输出。

本图例由郭建华、黄琳莲任主编，吴海燕、曾卫红任副主编，顾晔任主审。郭建华编写项目一、四、五、七、八；黄琳莲编写项目二、三、六、九、十、十三、十四；吴海燕编写项目十一和项目十五；曾卫红编写项目十二。

由于编者水平有限，书中难免存在错误和不妥之处，敬请读者批评指正。

编　者

目　录

项目一　AutoCAD 2020 基础知识、绘制平面图形（一）……………………（1）
项目二　绘制平面图形（二）………………………………………………（6）
项目三　绘制平面图形（三）………………………………………………（12）
项目四　绘制平面图形（四）………………………………………………（20）
项目五　绘制三视图…………………………………………………………（28）
项目六　绘制剖视图…………………………………………………………（35）
项目七　书写文字……………………………………………………………（45）
项目八　图块、外部参照与设计中心………………………………………（47）
项目九　绘制传动轴零件图…………………………………………………（50）
项目十　绘制圆柱齿轮零件图………………………………………………（57）
项目十一　绘制箱体零件图…………………………………………………（66）
项目十二　三维绘图…………………………………………………………（71）
项目十三　组合体三维建模…………………………………………………（75）
项目十四　根据零件图拼装装配图…………………………………………（82）
项目十五　图纸布局与打印输出……………………………………………（96）

项目一　AutoCAD 2020 基础知识、绘制平面图形（一）

按照给定的尺寸 1∶1 绘制下列平面图形。

1.

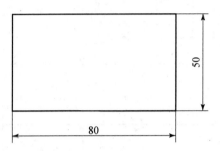

2.

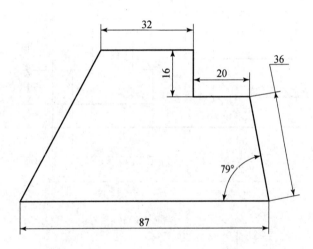

3.

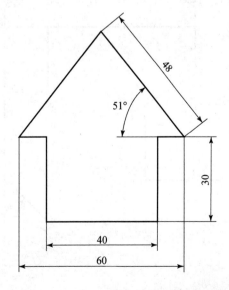

4.

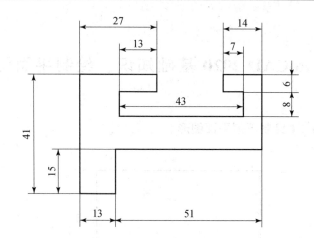

5.

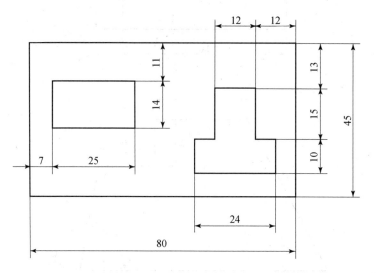

6.

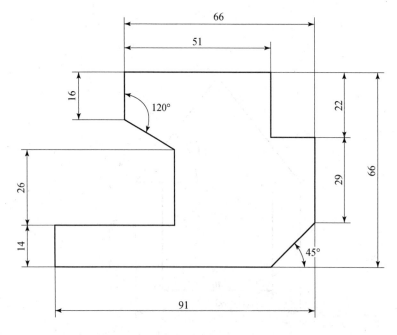

7.

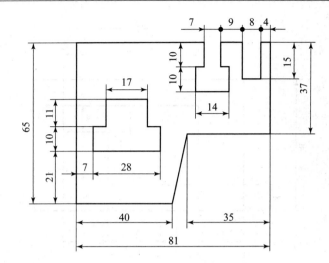

8.

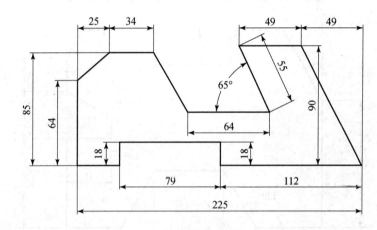

9.

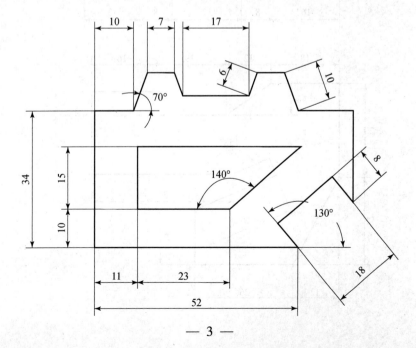

10.

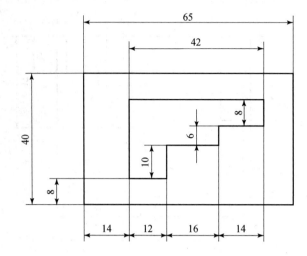

11.

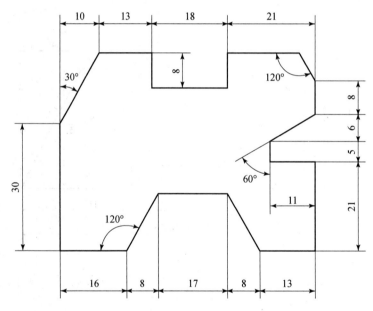

12.

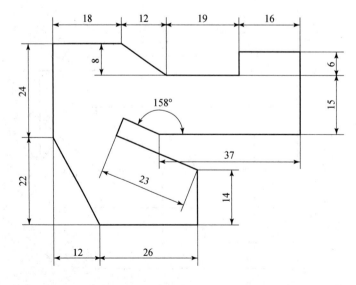

13.

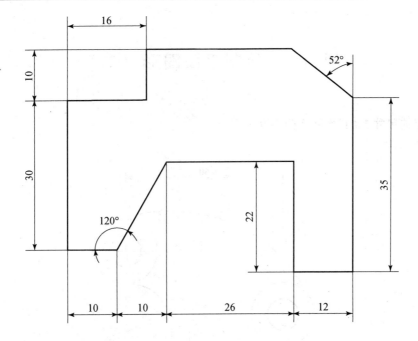

14.

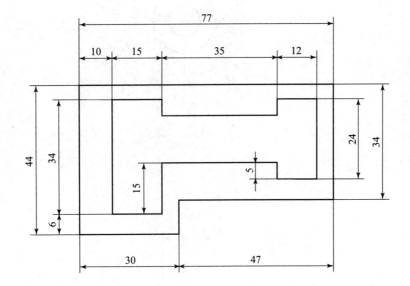

项目二 绘制平面图形（二）

按照给定的尺寸 1 : 1 绘制下列平面图形。

1.

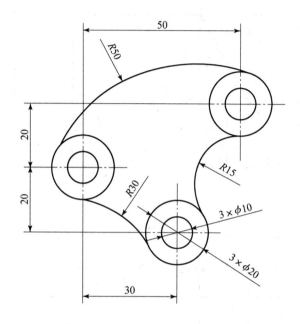

2.

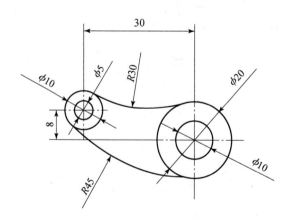

3.

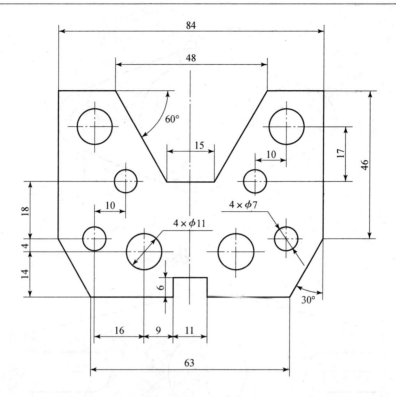

4.

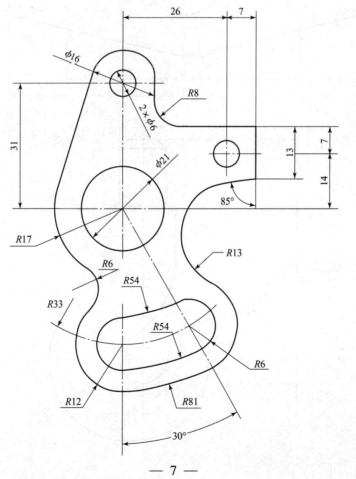

5.

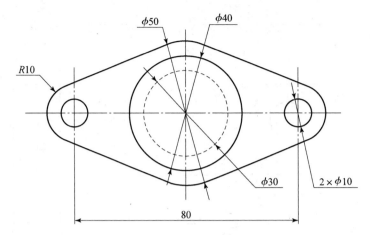

6.

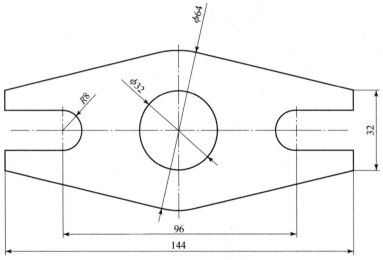

7.

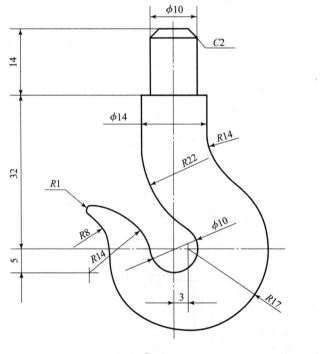

8.

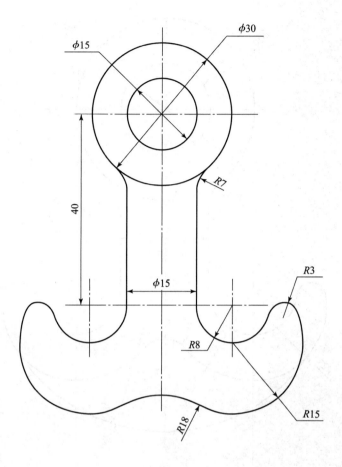

9.

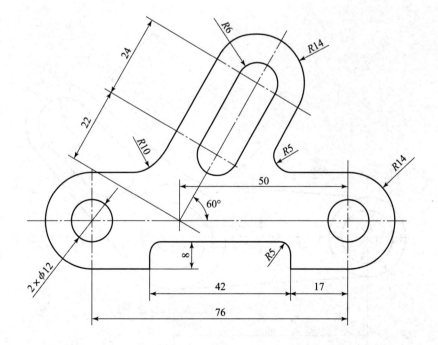

10.

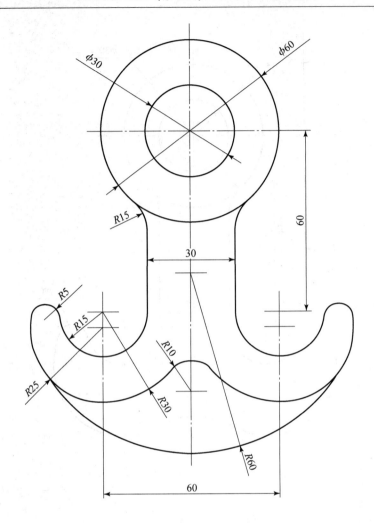

11.

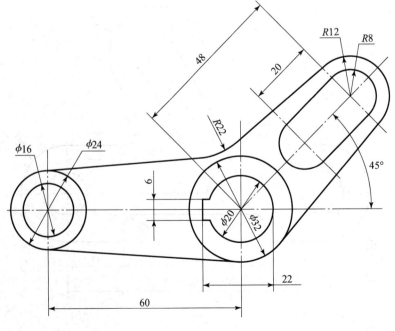

12.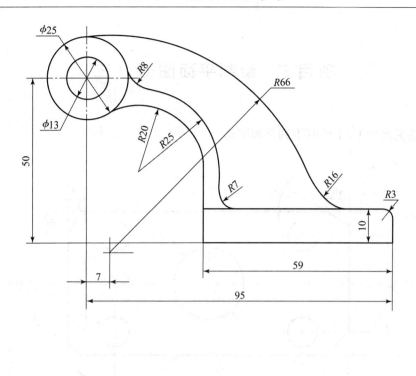

项目三 绘制平面图形（三）

按照给定的尺寸 1∶1 绘制下列平面图形。

1.

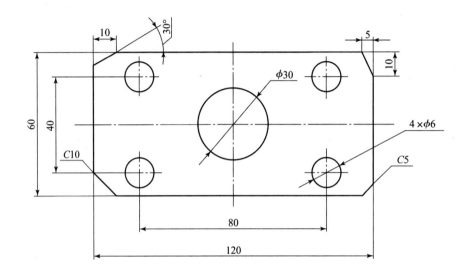

2.

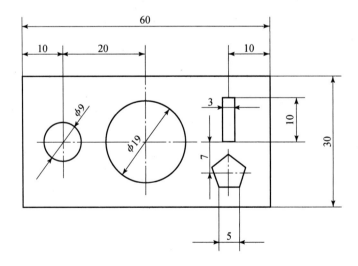

3.
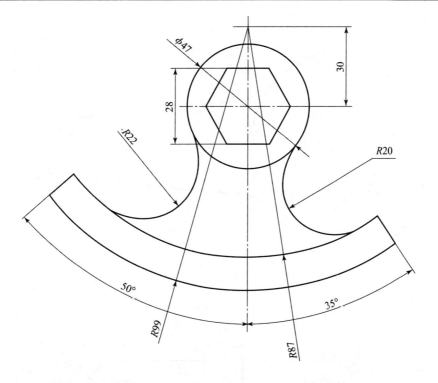

4.
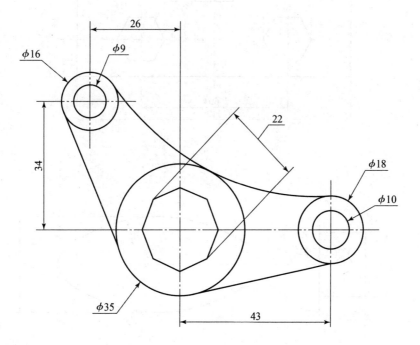

5.

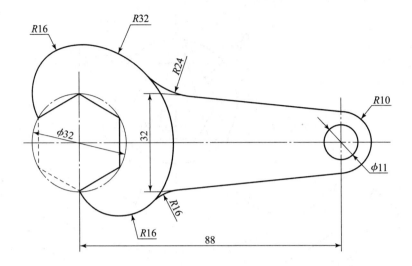

6.

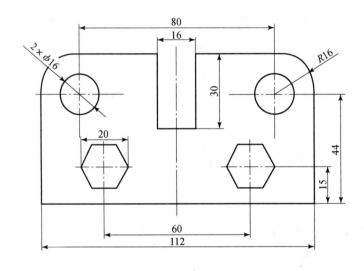

7.

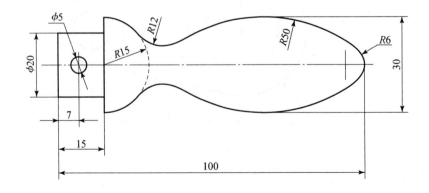

8.

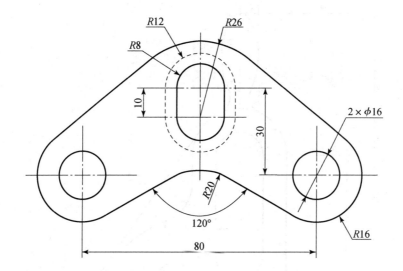

9.

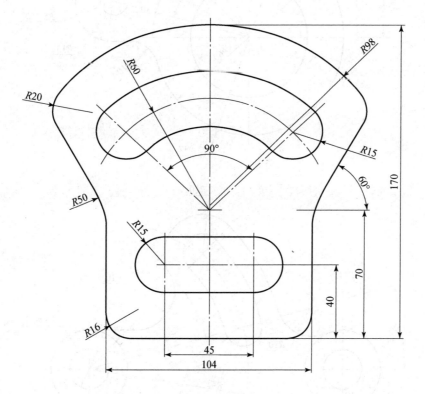

10.

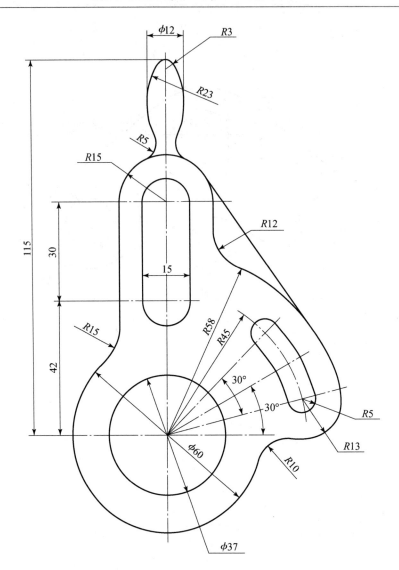

11.

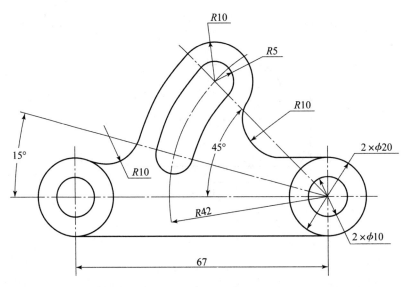

12.

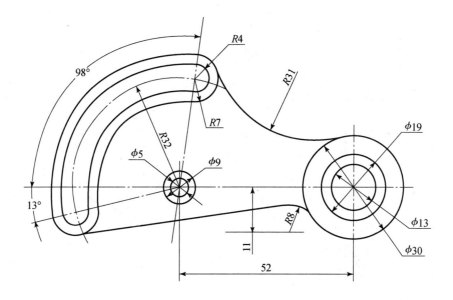

13.

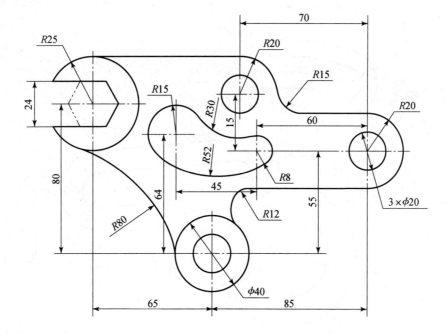

14.

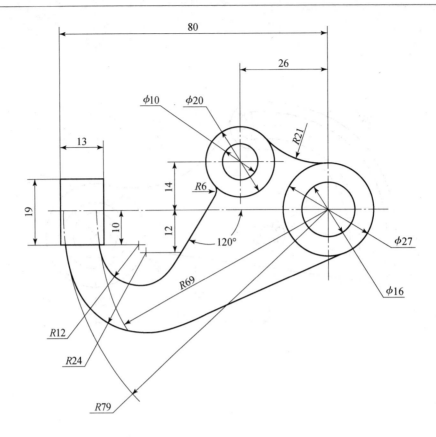

15.

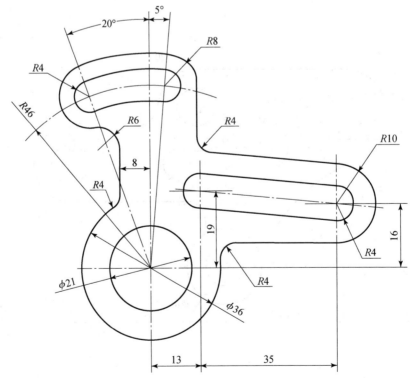

16.

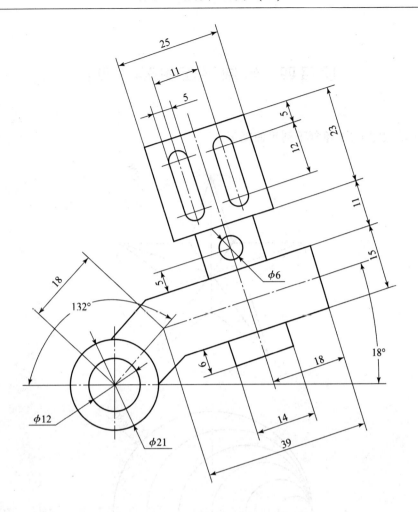

项目四 绘制平面图形（四）

按照给定的尺寸 1∶1 绘制下列平面图形。

1.

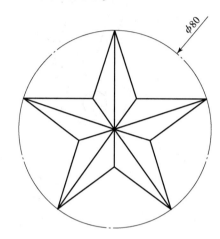

2.

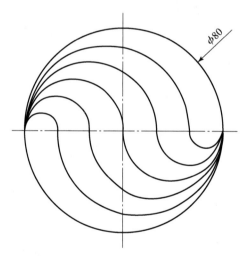

3.

4.

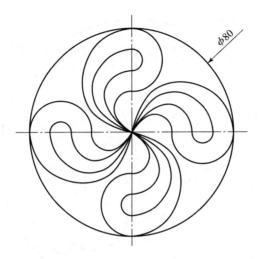

5.

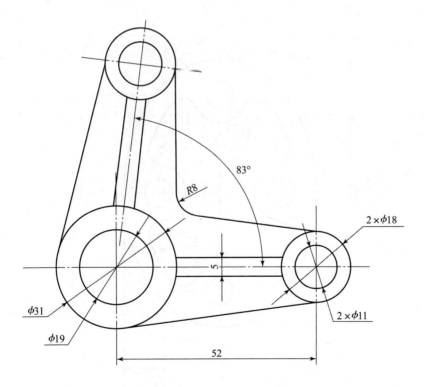

6.

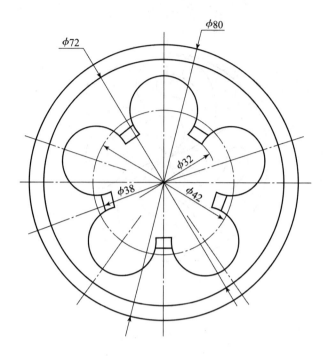

7.

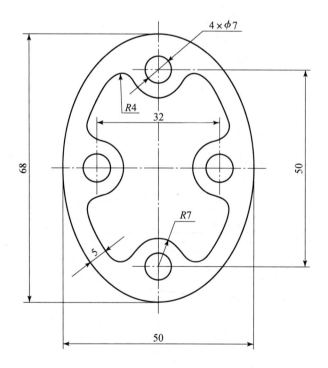

8.

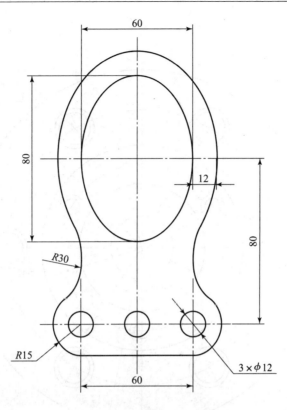

9.

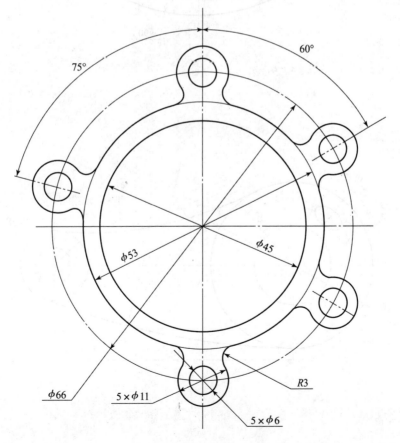

10.

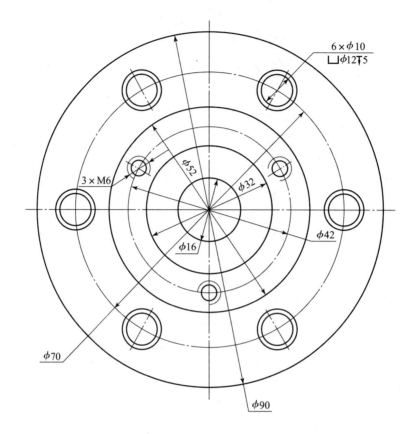

11.

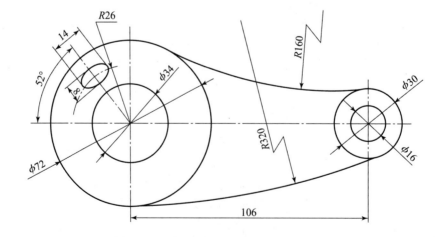

12.
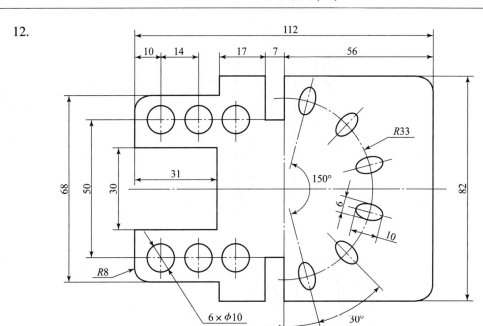

13.
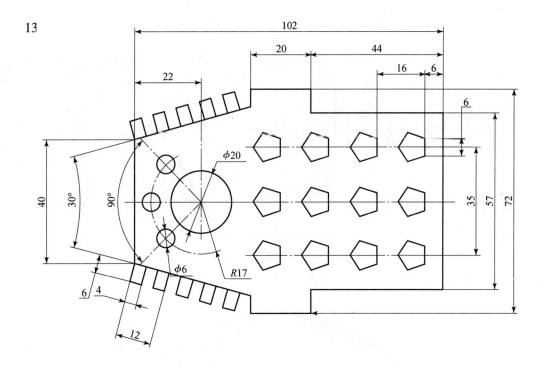

14.
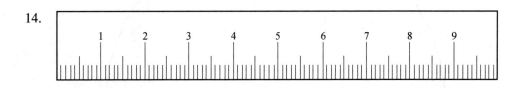

15.

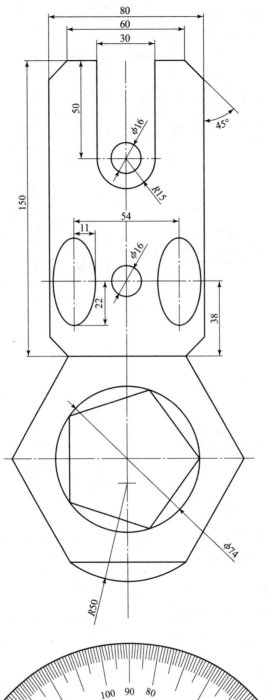

16.

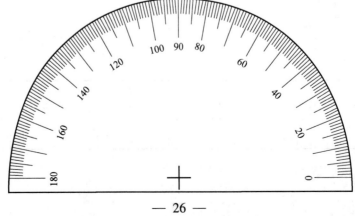

17.

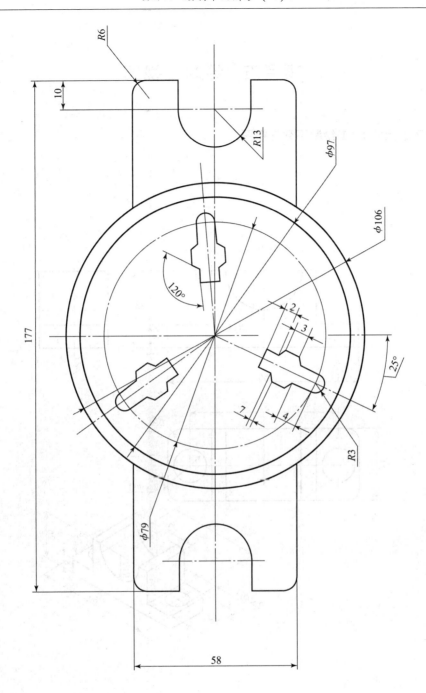

项目五 绘制三视图

按照给定的尺寸 1∶1 绘制下列三视图。

1.

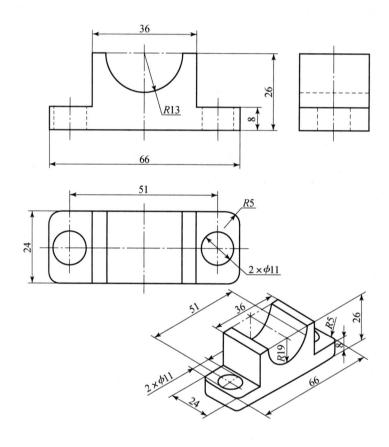

2.

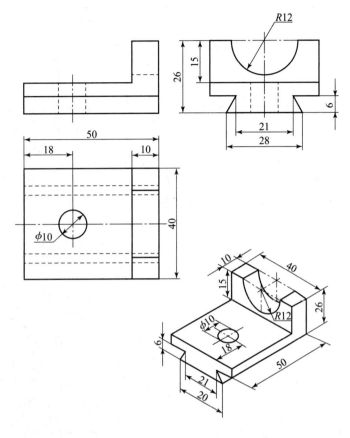

3.

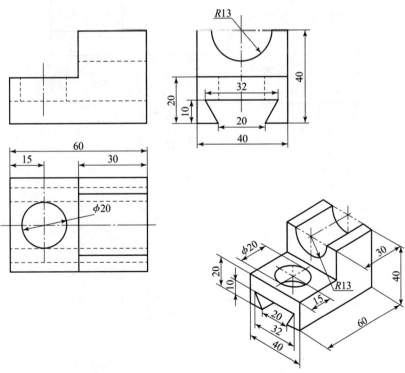

4.

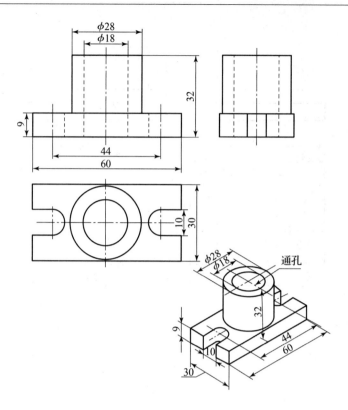

5.

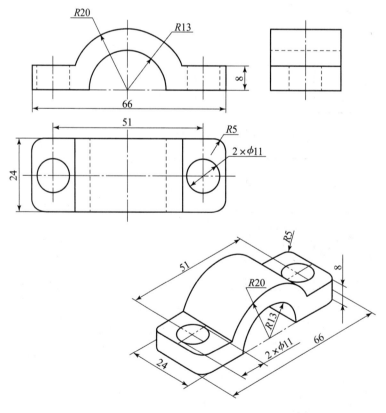

6.

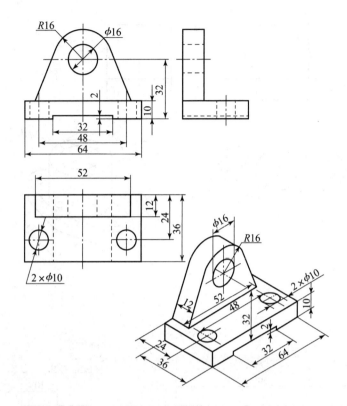

7.

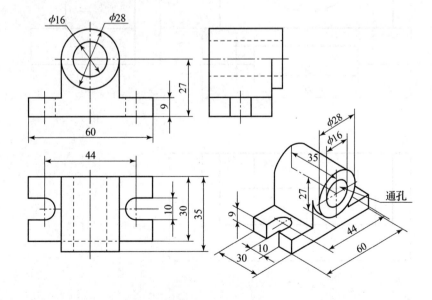

8.

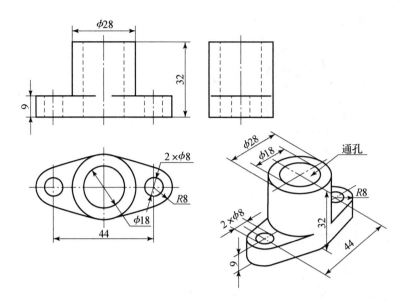

9.

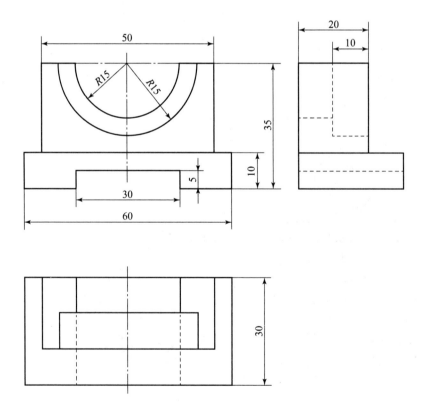

10.

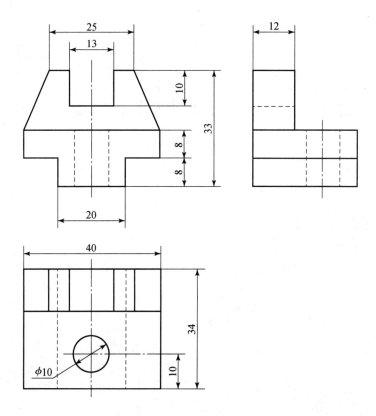

11.

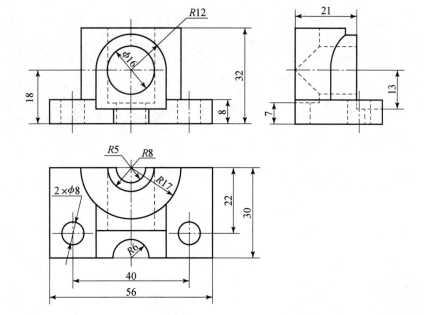

12.

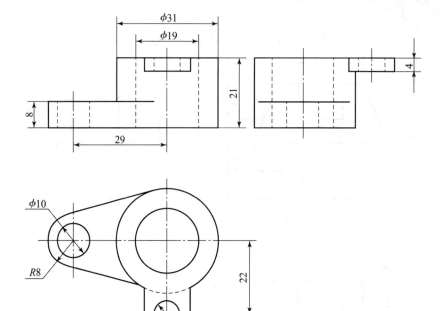

项目六　绘制剖视图

按照给定的尺寸 1∶1 抄画下列剖视图。

1.

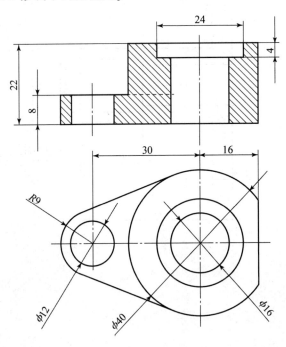

2.

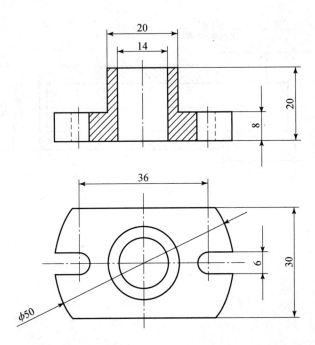

3.

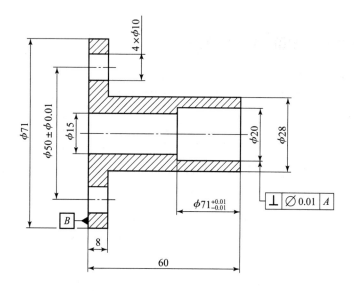

4.

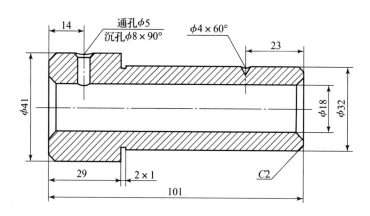

5.

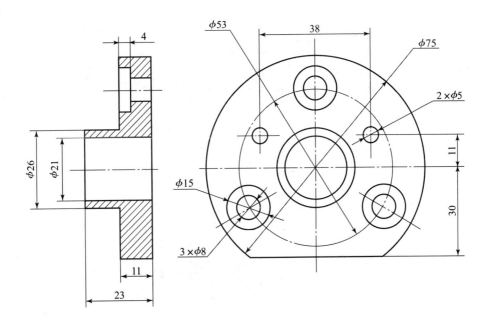

6.

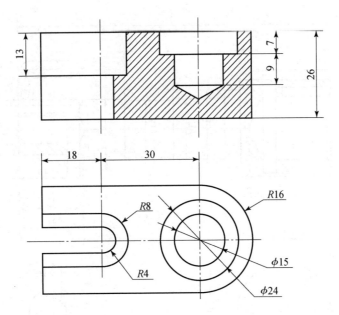

7.

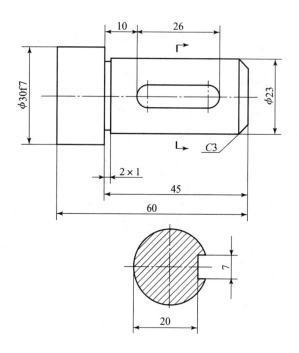

8.

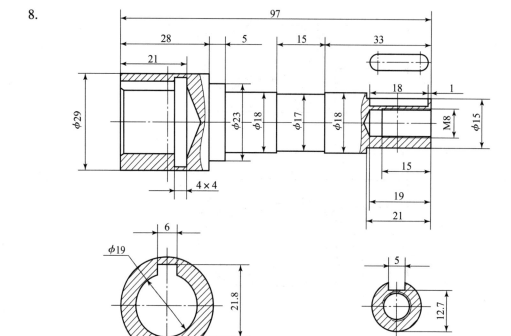

9.

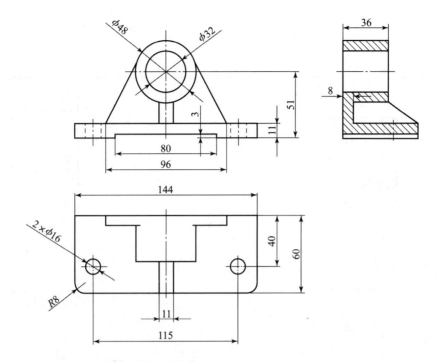

10.

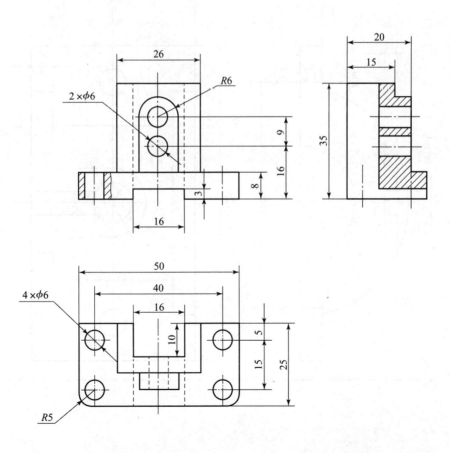

11.

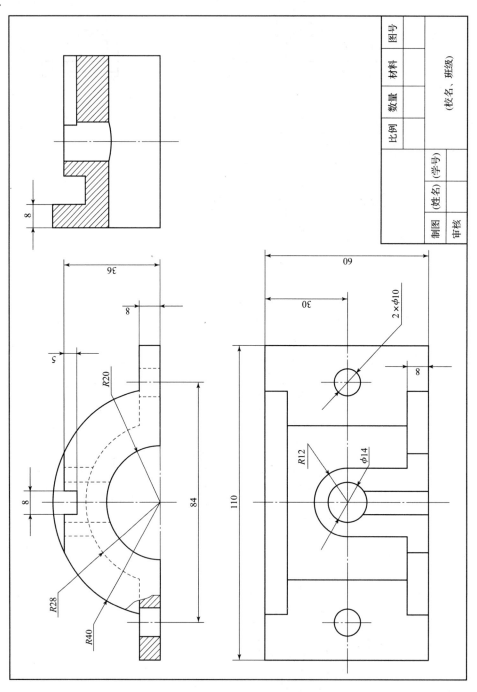

12.

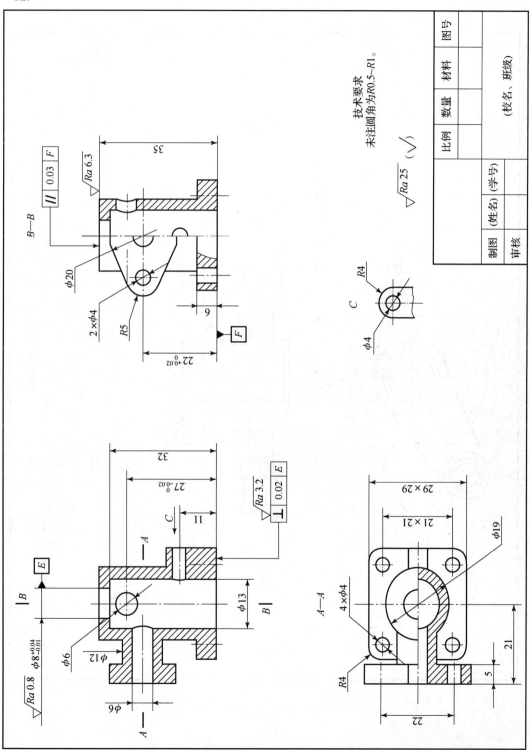

13.

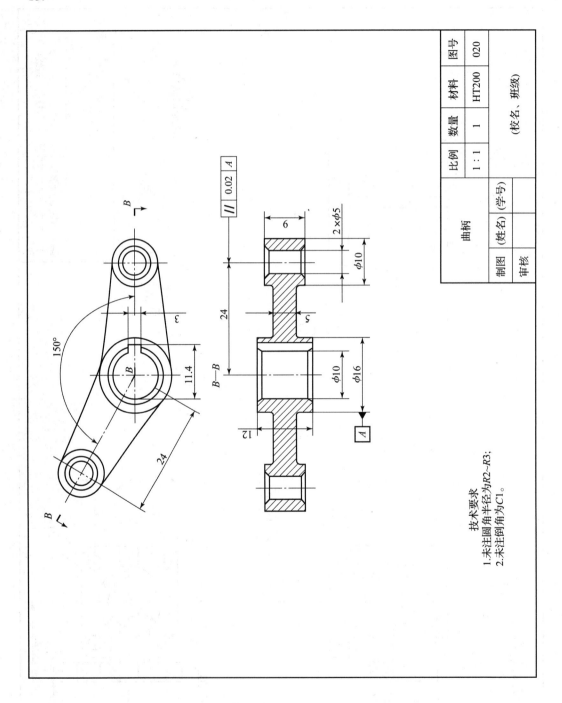

14.

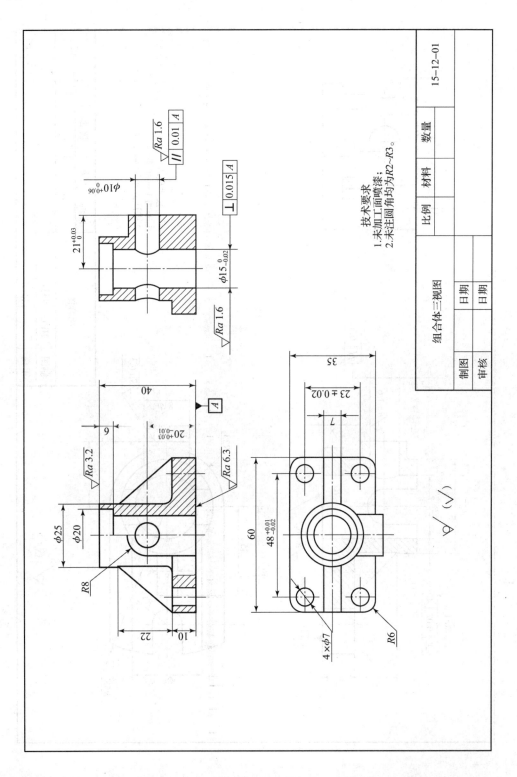

15.

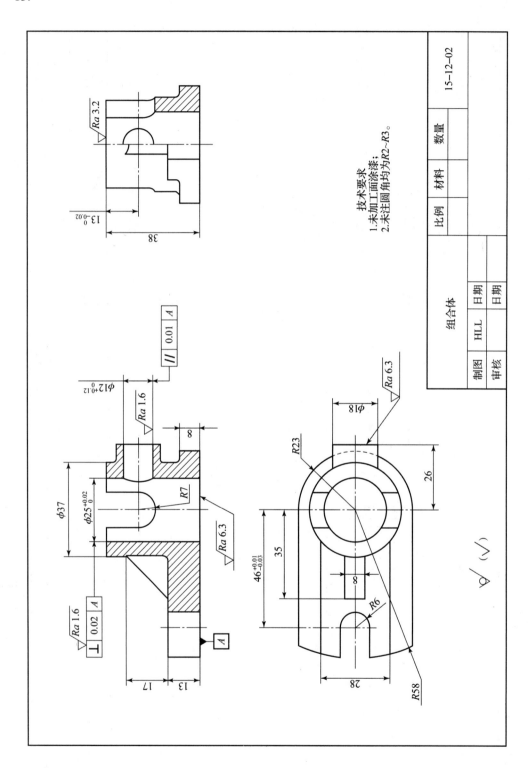

项目七 书写文字

一、练习下列表面粗糙度、基准、文字和标题栏的填写。

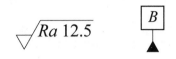

$\phi 50^{+0.039}_{0}$ 36 ± 0.07 $\phi 60H7/f6$ $\phi 60\frac{H7}{f6}$

m² m2 日/月 $\phi 50^{-0.009}_{-0.025}$ $\phi 40\pm 0.010$ $\phi 50H6$

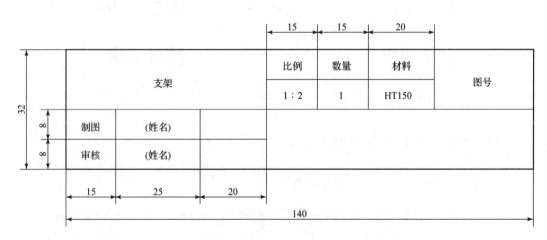

二、创建对应文字样式,书写如下图所示的段落文字。
1.

技术要求
(1) 转动扳手时,应松紧灵活,不得时紧时松。
(2) 钳口工作面在闭合时,全部平面紧密接触。

$\phi 30\pm\phi 0.02$ $60°$ 中文版 $37℃$ $\phi 50^{+0.039}_{0}$

日/月 $\phi 60\frac{H7}{f6}$ $\phi 50^{-0.009}_{-0.025}$ m² m2

2.

在标注文本之前,需要对文本的字体定义一种样式,字体样式是所有字体文件、字体大小宽度系数等参数的综合。

单行文字标注适用于标注文字较短的信息,如工程制图中的材料说明、机械制图中的部件名称等。

标注多行文字时,可以使用不同的字体和字号。多行文字适用于标注一些段落性的文字,如技术要求、装配说明等。

三、文字书写练习。

1. 将如图(a)所示的文字编辑为图(b)所示文字,图(b)中文字特性如下。

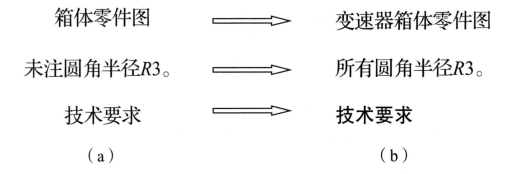

2. 用多行文字书写下面的技术要求。

技术要求

(1) 主梁在制造完毕后,应按二次抛物线: $y=f(x)=4(L-X)X/L2$ 起拱;

(2) 钢板厚度 $\delta \geqslant 6mm$;

(3) 隔板根部切角为 $20mm \times 20mm$。

项目八　图块、外部参照与设计中心

一、练习创建属性图块。

1. 绘制如下图所示的图形，并定制成带属性的表面粗糙度、基准属性图块。

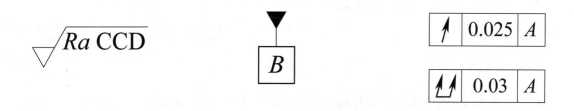

2. 按如图（a）所示尺寸创建名称为"CCD"表面粗糙度属性图块，完成如图（b）所示平面图形，并标注表面粗糙度。

（a）

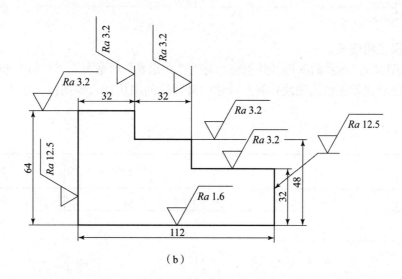

（b）

二、练习创建及插入图块。

1. 绘制如图（a）所示图形。将螺栓头及垫圈定义为图块，块名为"螺栓头部"，插入点为 A 点。

2. 插入图块，结果如图（b）所示。

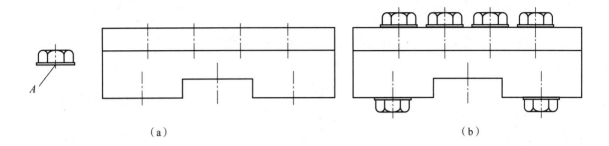

(a)　　　　　　　　　　　　　　(b)

3. 如下图所示。创建标题栏属性块（用线圈出的是固定不变的对象，当作图形绘制好后，其他变化的内容当作属性附着在图中，最后输入 W 写块）。

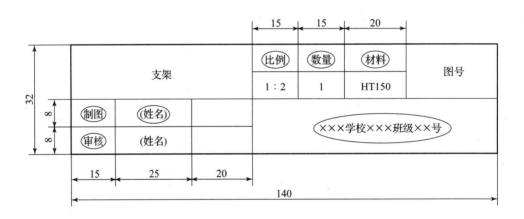

三、设计属性明细表。

1. 绘制如图（a）所示的图形，并创建"序号""名称""数量""材料"和"备注"等属性项目，并定制成带属性的图块；将已创建的带属性的图块插入绘图区，生成如图（b）所示的明细表。

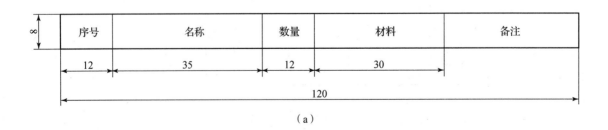

(a)

2. 将已创建的带属性图块插入绘图区，生成如图（b）所示的明细表。

6	泵轴	1	45	
5	垫圈B12	2	A3	GB/T 97—2002
4	螺母M12	8	45	GB/T 58—1976
3	内转子	1	40Cr	
2	外转子	1	40Cr	
1	泵体	1	HT25-47	
序号	名称	数量	材料	备注

(b)

四、利用面域造型法绘图。

创建并阵列面域，结果如图所示。

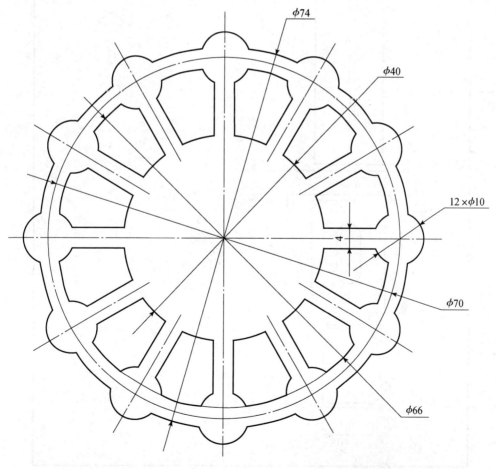

项目九 绘制传动轴零件图

按照给定的尺寸 1∶1 抄画下列轴类零件图。

1.

2.

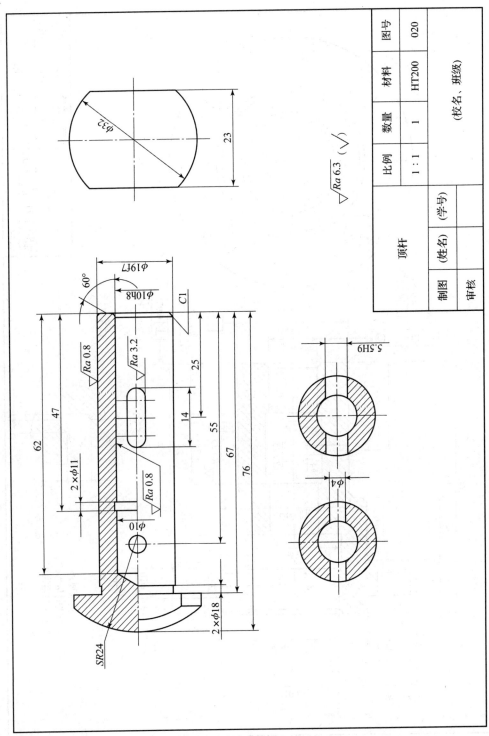

3.

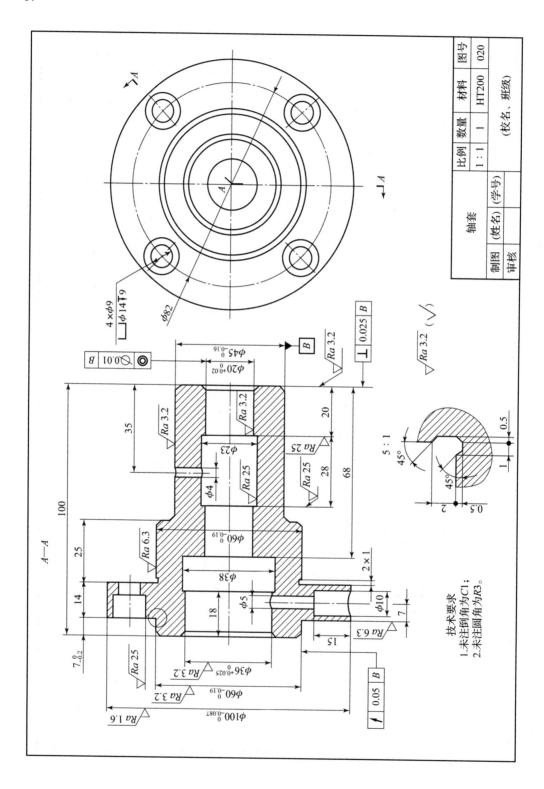

4.
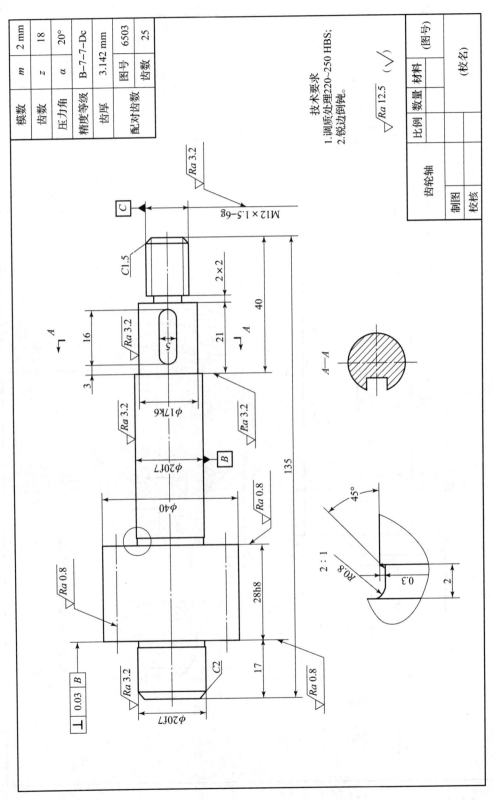

5.

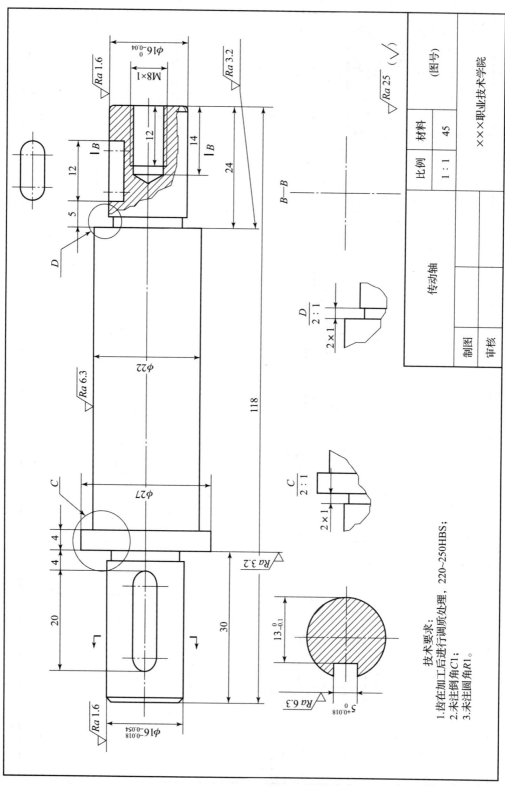

6.

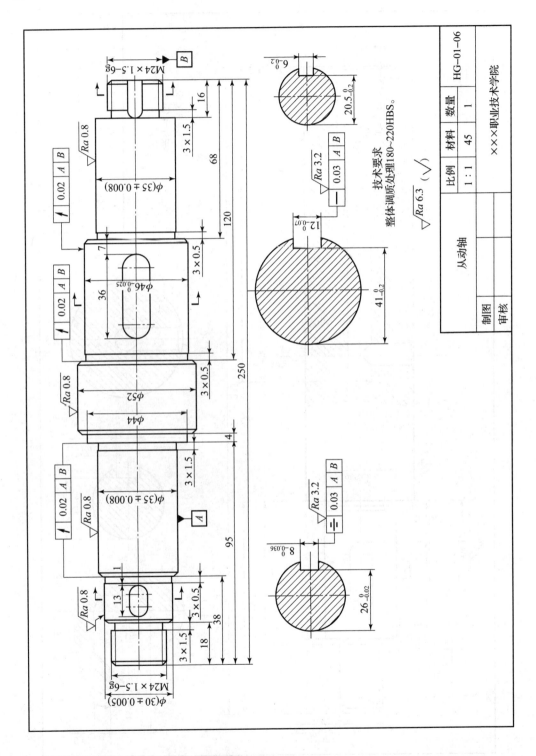

7.

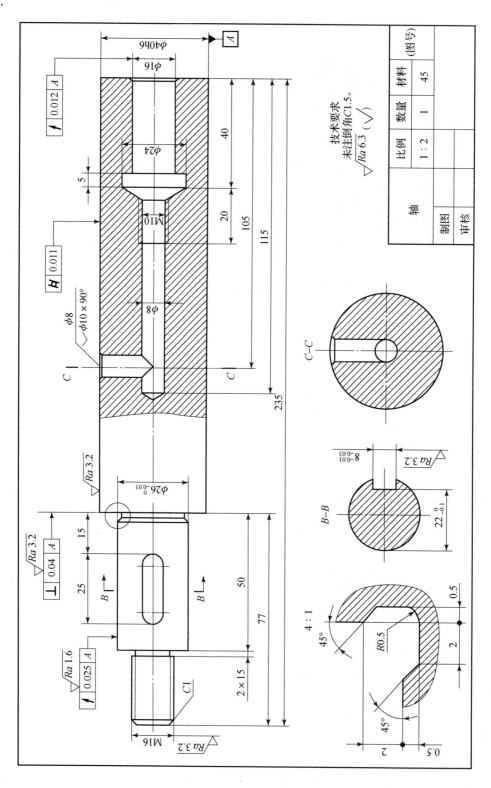

项目十 绘制圆柱齿轮零件图

一、按照给定的尺寸 1∶1 抄画下列盘盖类零件图。

1.

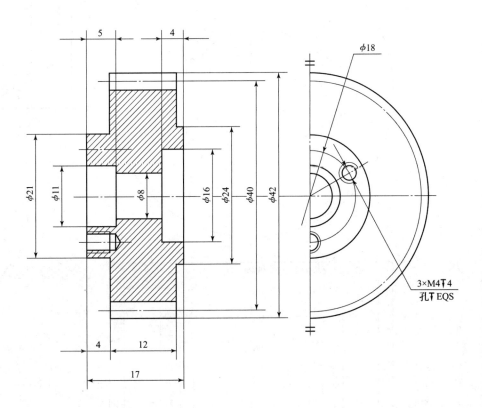

2.

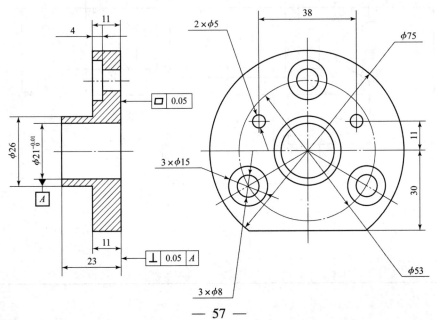

3.

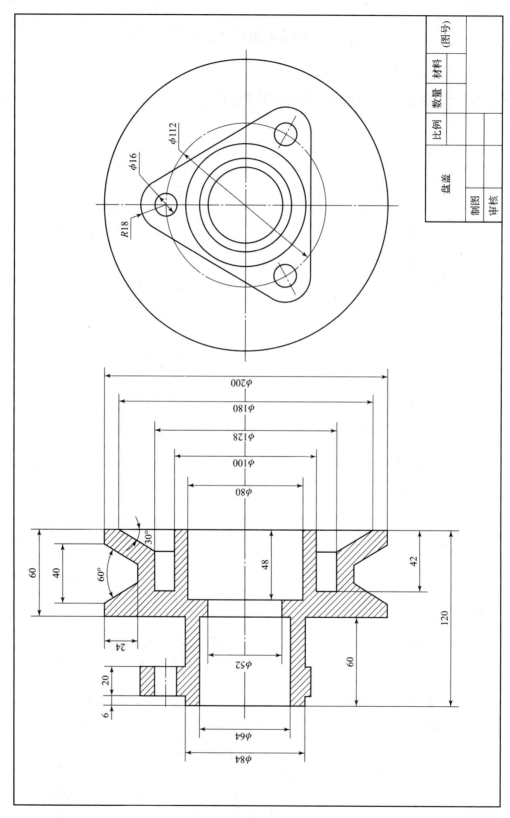

4.

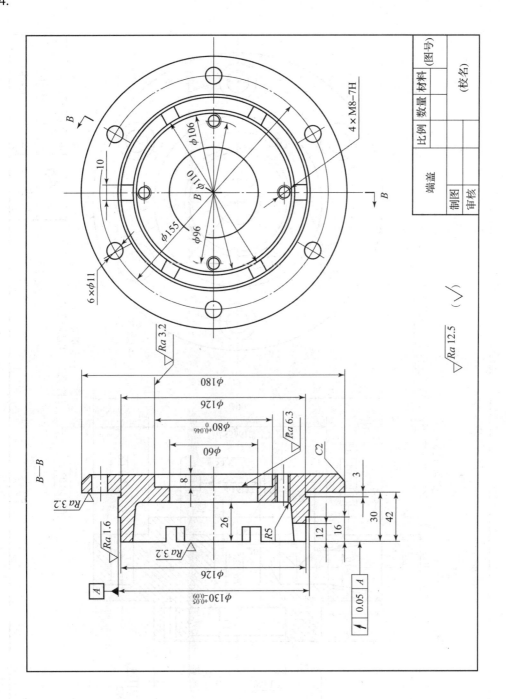

5.

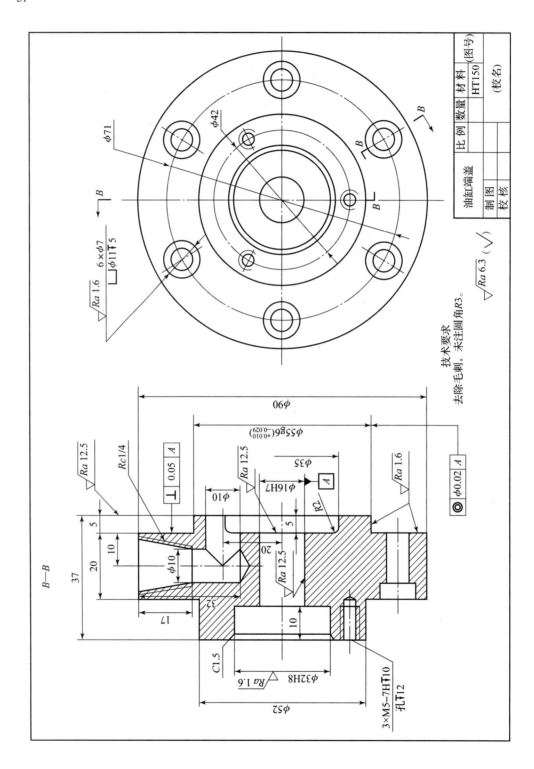

二、按照给定的尺寸 1∶1 抄画下列叉架类零件图。

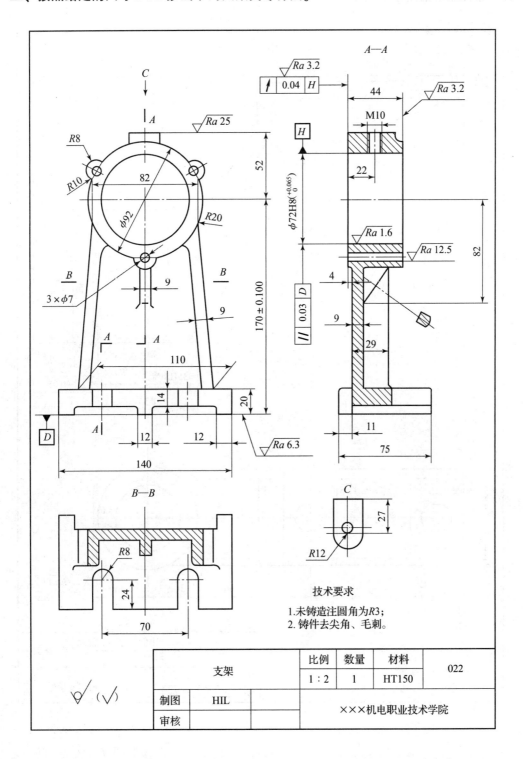

三、按照给定的尺寸 1∶1 抄画托架零件图。

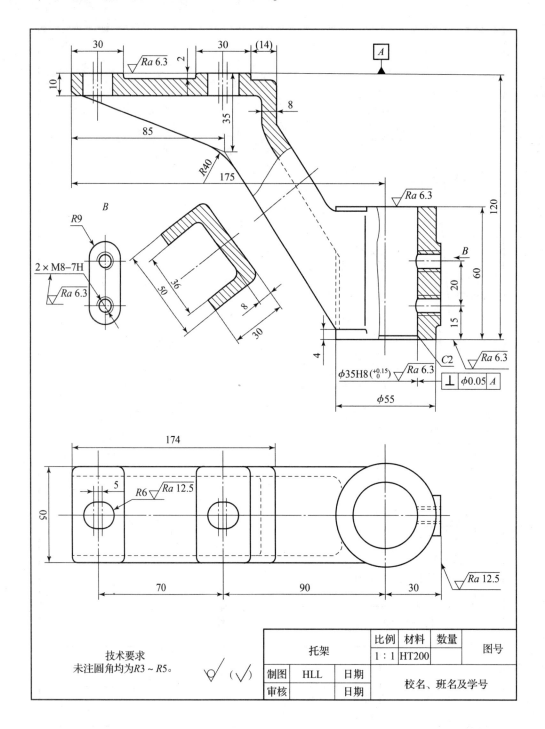

四、按照给定的尺寸 1：1 抄画下列零件图。

1.

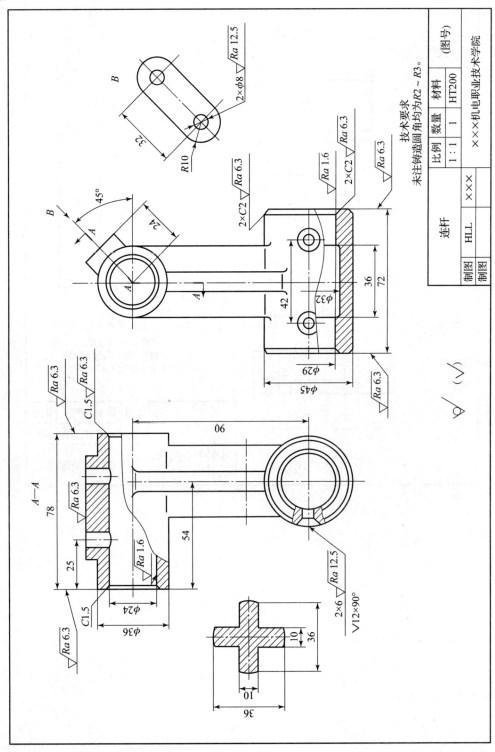

2.

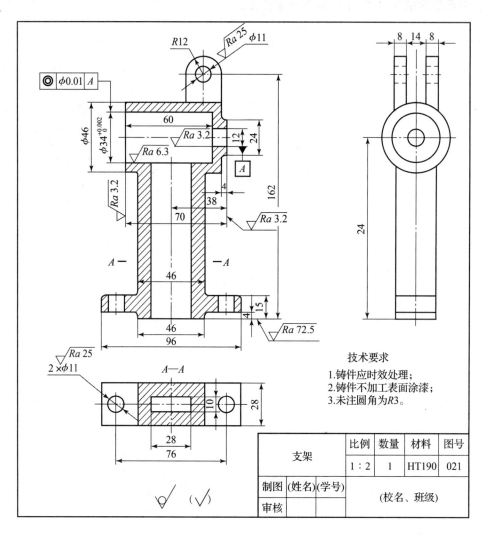

3.

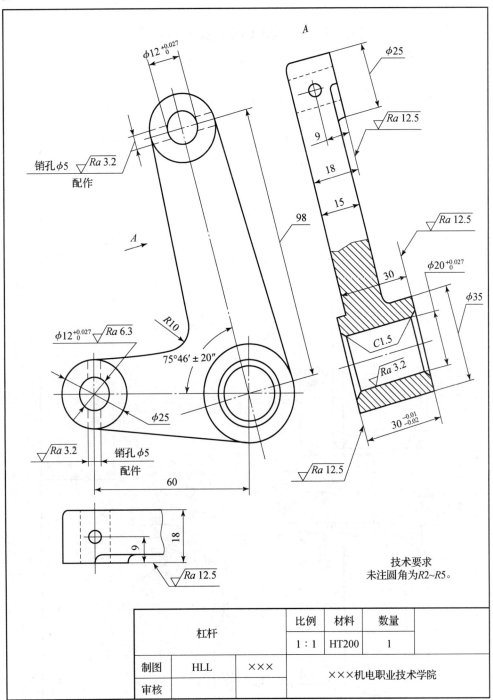

项目十一 绘制箱体零件图

按照给定的尺寸1∶1抄画下列箱体类零件图。

1.

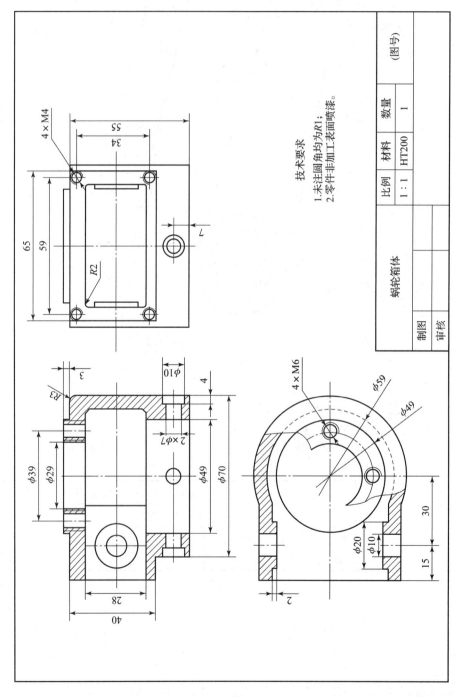

2.

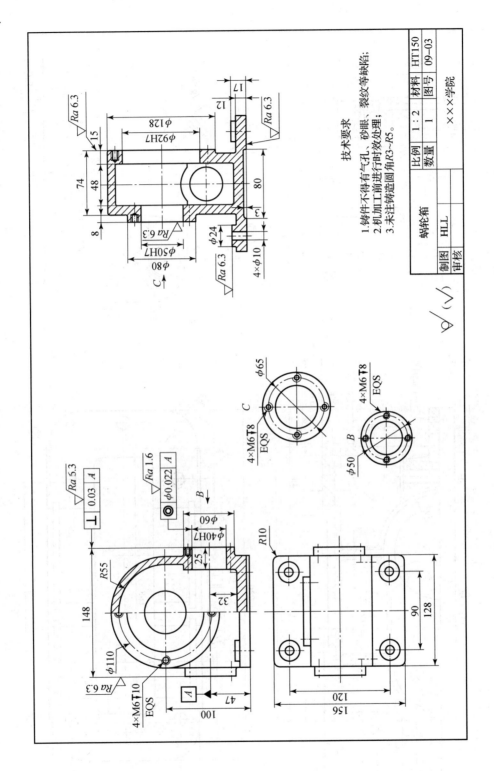

3.

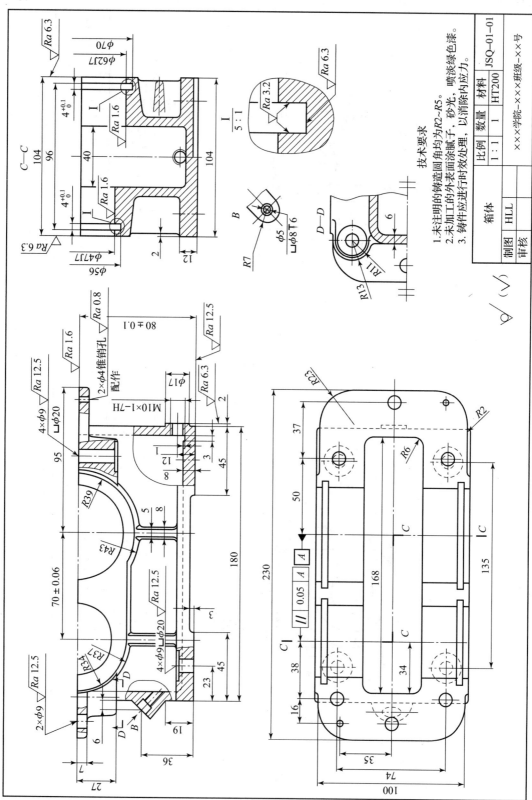

4.

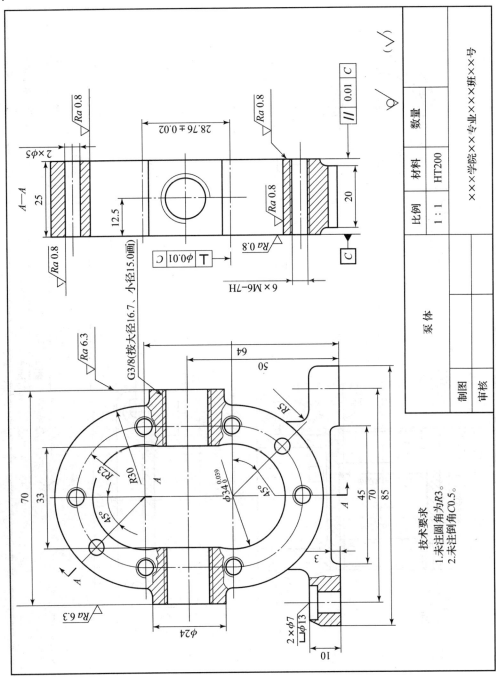

5.

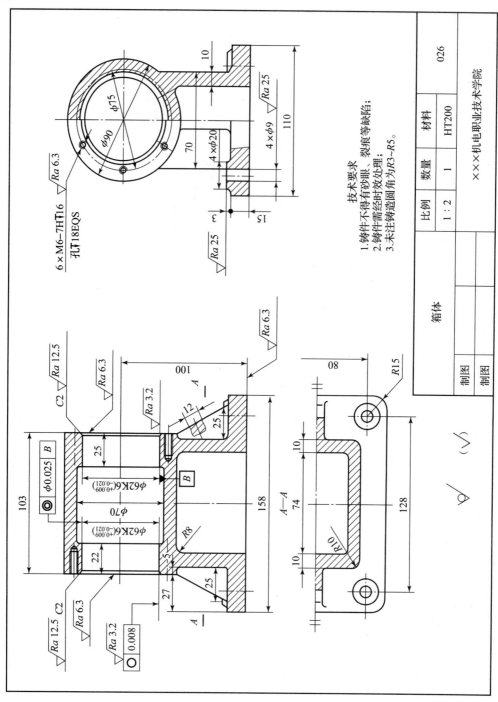

项目十二　三维绘图

按照给定的尺寸 1∶1 绘制下列组合体的正等轴测图。

1.

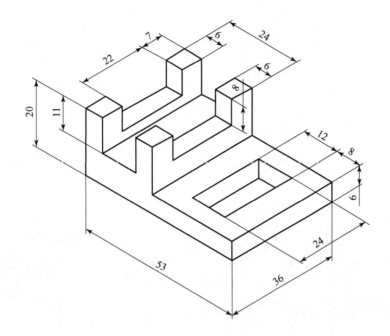

2.

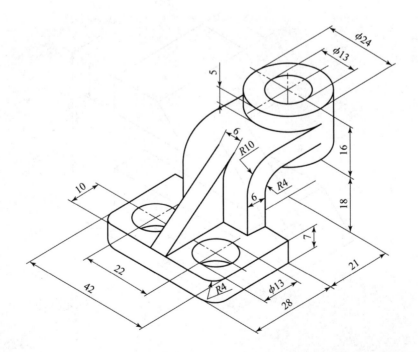

3.

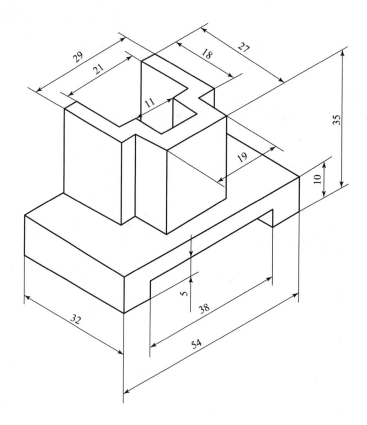

4.

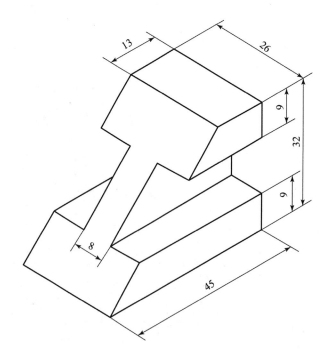

5.

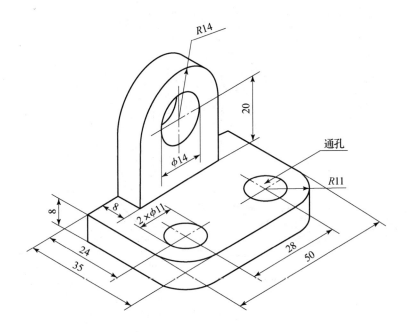

6.

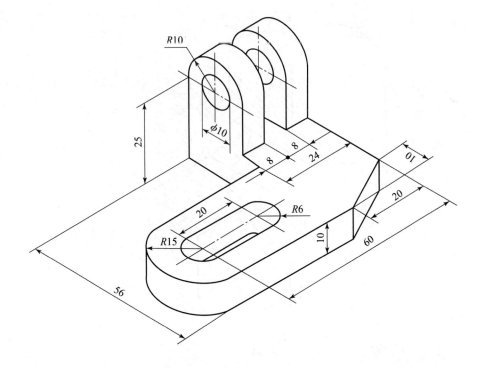

7.

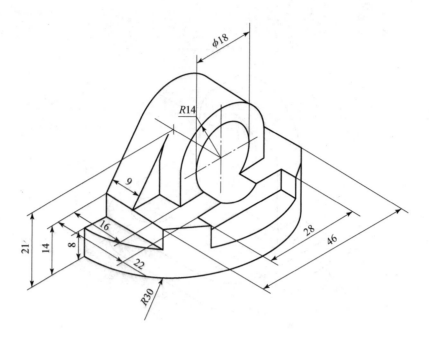

8.

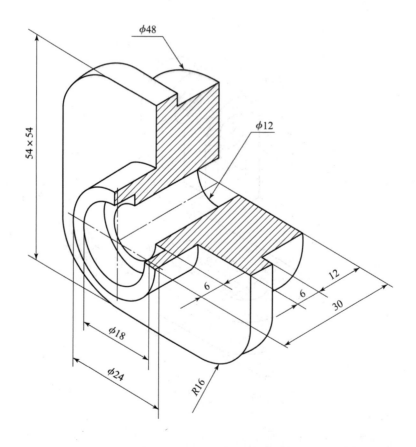

项目十三　组合体三维建模

按照给定的尺寸 1∶1 绘制下列组合体的三维模型。

1.

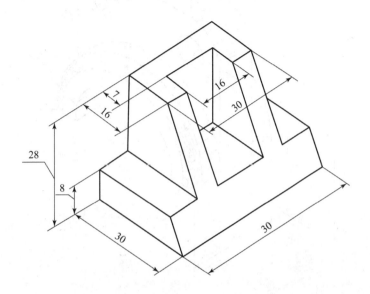

2.

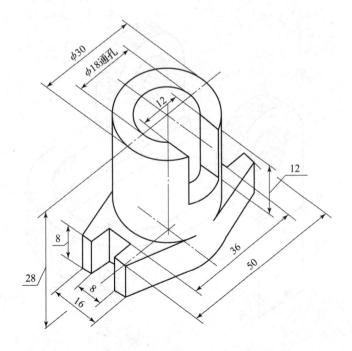

3.

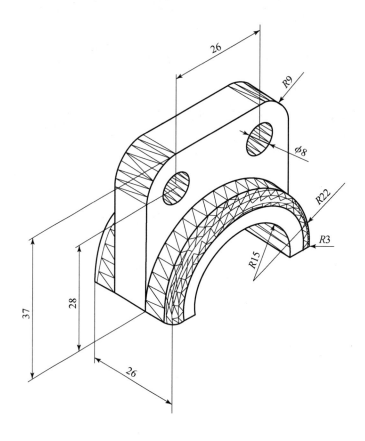

4.

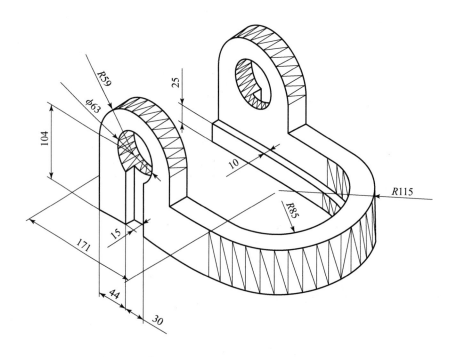

5.

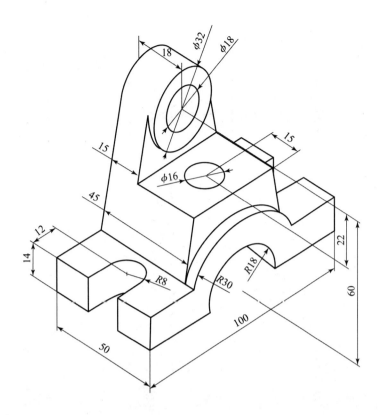

6.

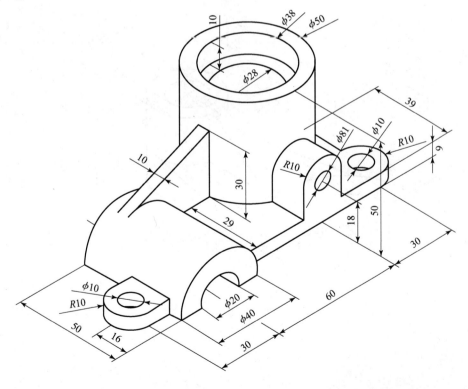

7.

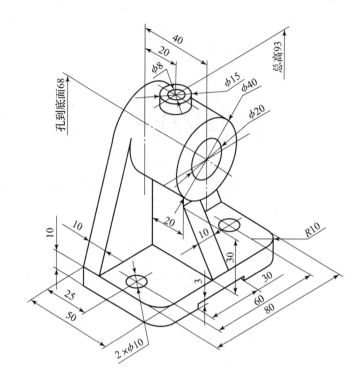

8.

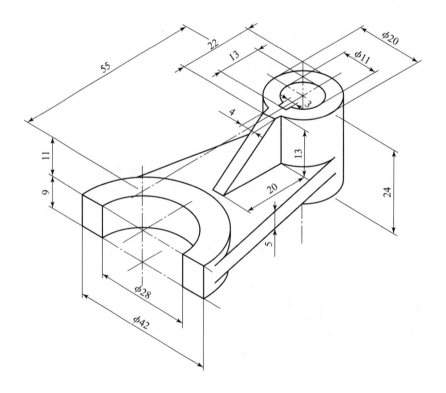

9.

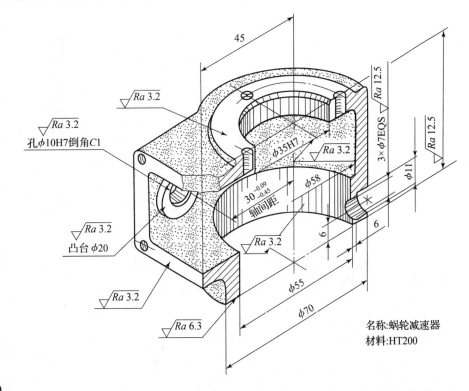

名称:蜗轮减速器
材料:HT200

10.

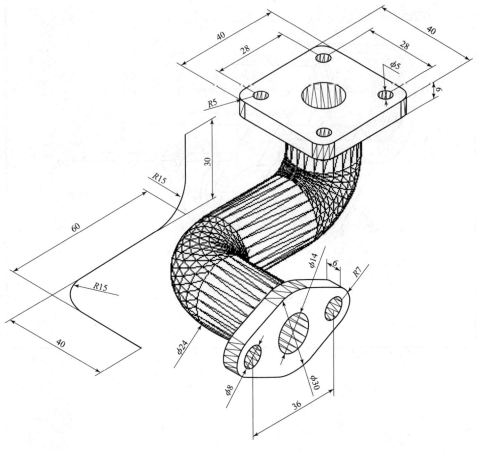

11.

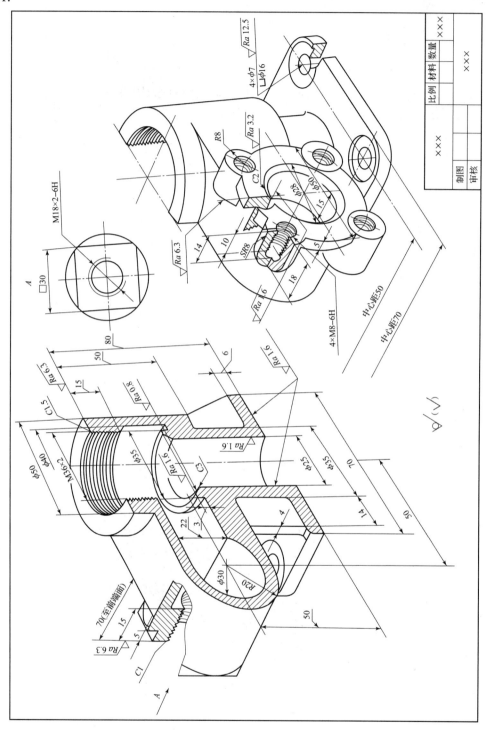

12.

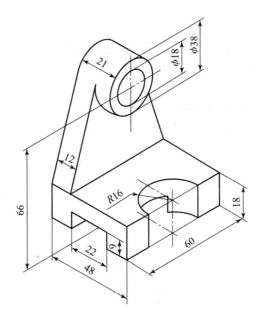

13.

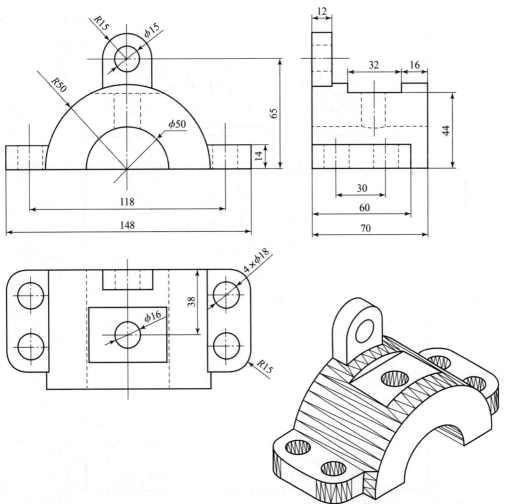

项目十四　根据零件图拼装装配图

一、根据低速滑轮装置的零件图拼装完成其装配图。

1.

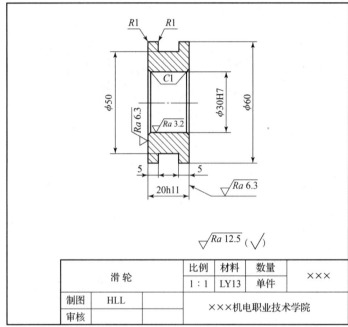

2.

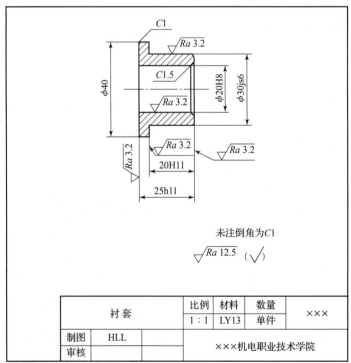

二、根据低速滑轮装置的零件图拼装完成其装配图。

1.

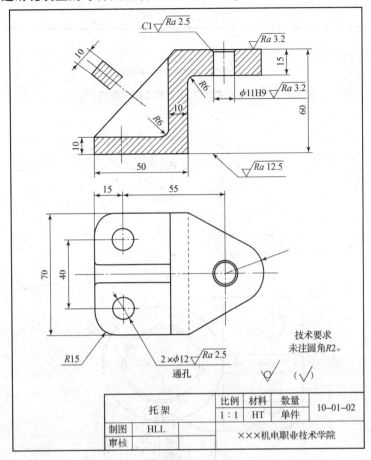

2.

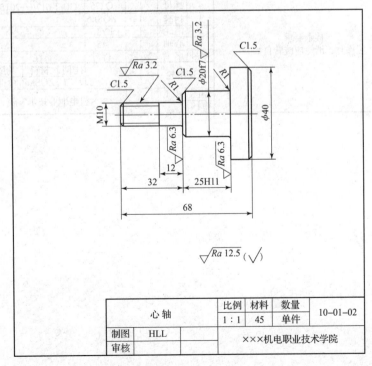

三、低速滑轮装置装配图。

1.

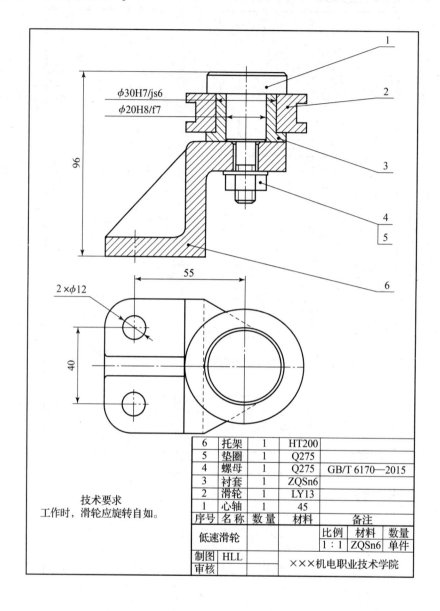

2.

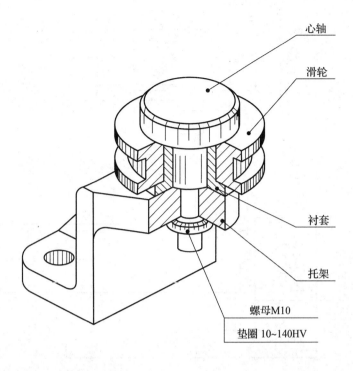

四、根据千斤顶装置的零件图和 3D 装配效果图组装完成其装配图。
1.

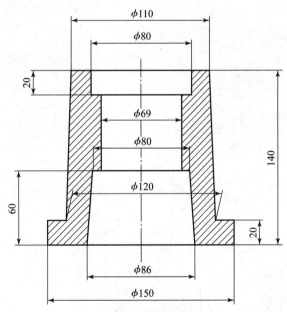

2.

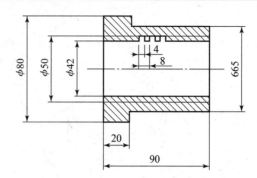

3.

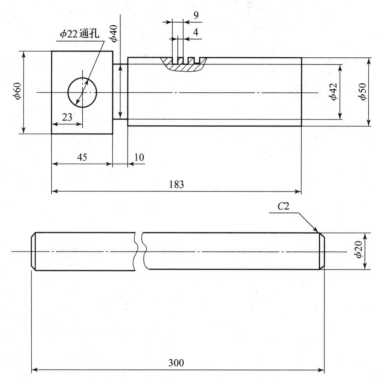

4.

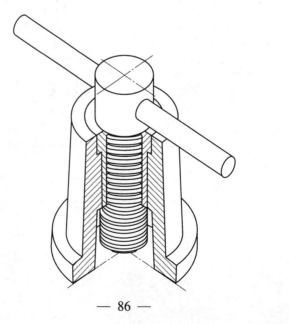

五、根据机用虎钳的零件图组装完成其装配图。

1.

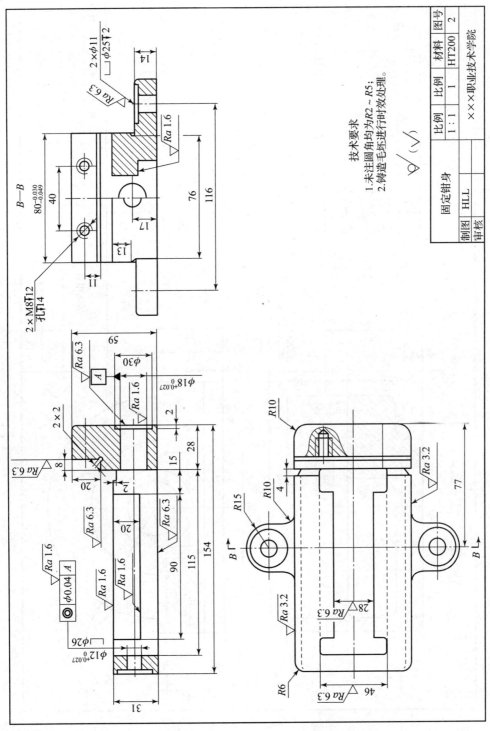

2.

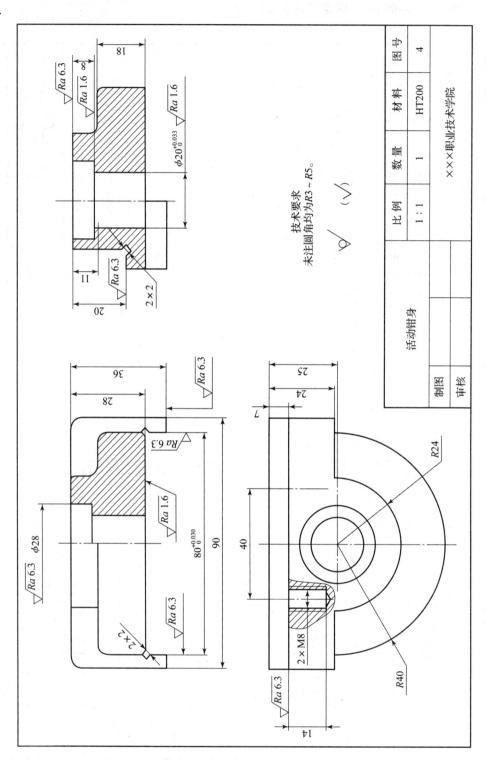

3.

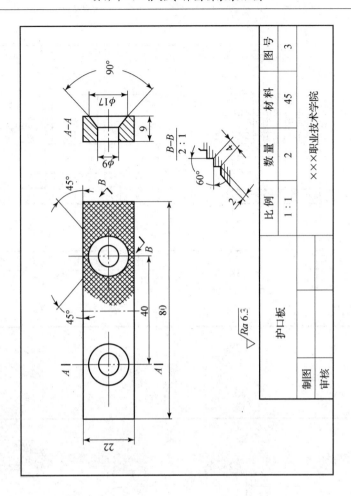

4.

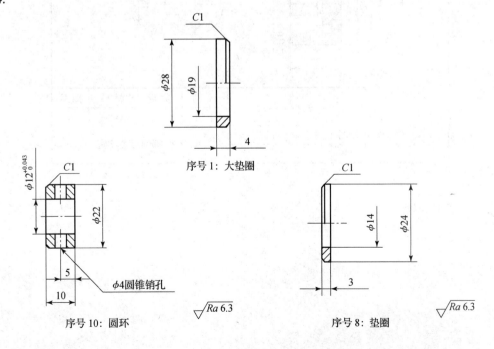

序号1：大垫圈

序号10：圆环

序号8：垫圈

5.

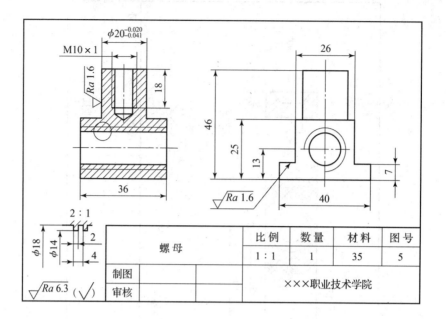

6.

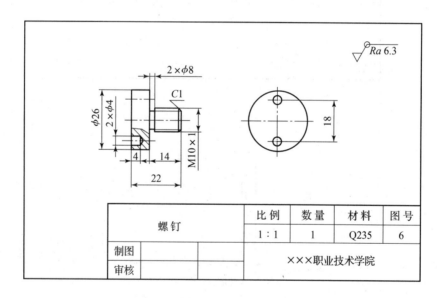

7.

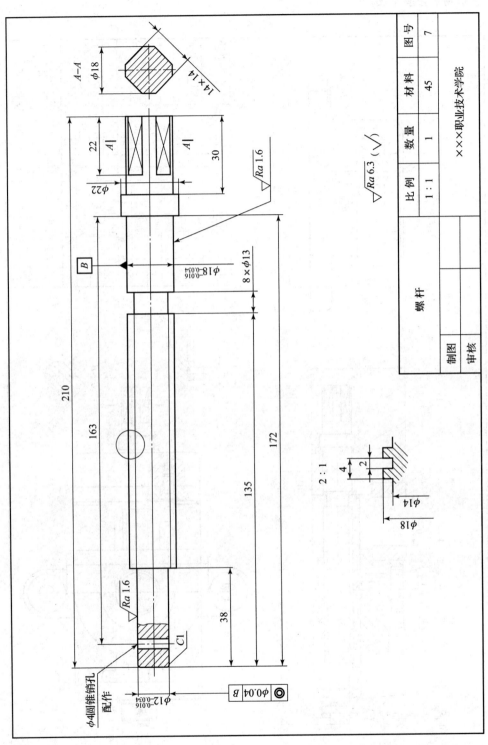

六、机用虎钳装配图。

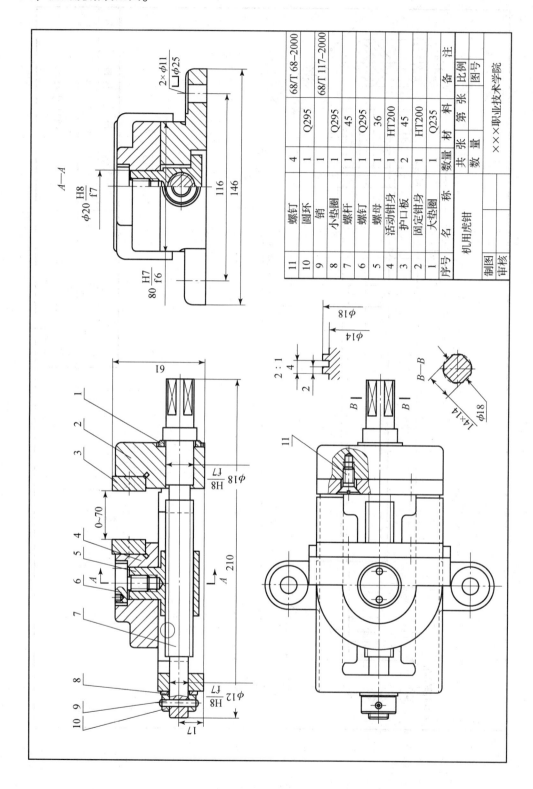

七、拼装装配图。
1.

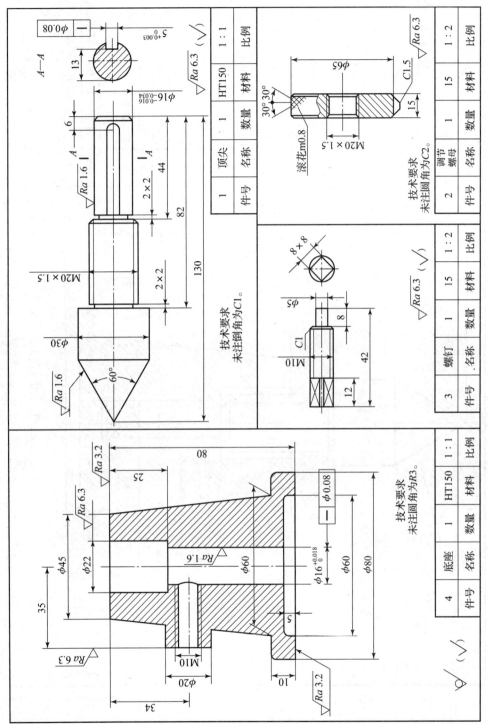

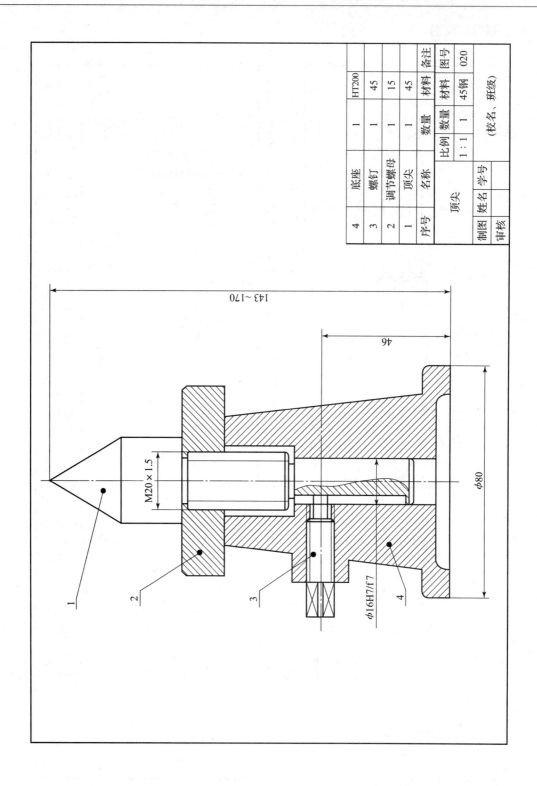

2. 机用虎钳 3D 装配图。

项目十五 图纸布局与打印输出

一、将以下图形进行打印预览。

1.

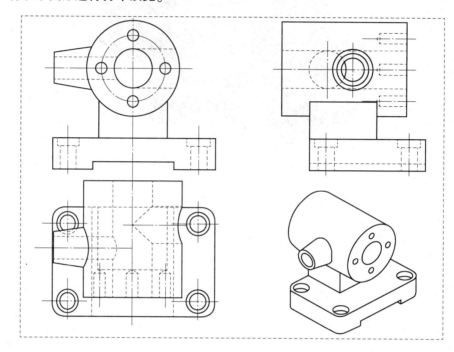

2.

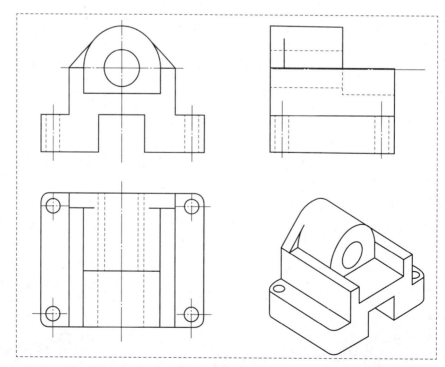

二、按照给定的尺寸 1∶1 绘制下列组合体的三维模型,并将其生成工程图、剖视图,效果如下图所示。

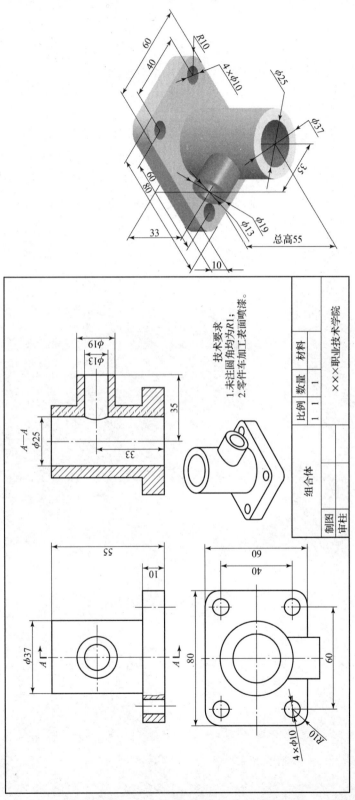